Crinkleroot's

森林爷爷自然课

动物栖息地指南

[美] 吉姆·阿诺斯基 著/绘
洪宇 译

人民东方出版传媒
People's Oriental Publishing & Media
東方出版社
The Oriental Press

你好！我是森林爷爷克林克洛特。我是一个自然探索向导，也是野生动物专家。在这片富饶的土地上，我已经发现了许许多多野生动物，到底有多少呢？真是数也数不完，数也数不清！

我能发现那么多野生动物，是因为我知道它们住在哪里。野生动物生活的自然环境就叫栖息地。

我要去探访不同动物的栖息地了。跟我来吧！

野生动物生存的
三个必要条件：
食物
隐蔽处
（藏身的地方）
水
在同时具备这三个
条件的地方，你就
能发现野生动物！

我想带你看的第一个地方是一个潮湿的地方，准确地说是湿地。

湿地横剖面

湿地是指在水旁边或被浅水覆盖的土地。你或许能在公园里发现一小块湿地，那里的土壤总是湿润的，草长得更丰美。

注意：有些湿地太过泥泞，无法行走。观察湿地的最佳方法是在成年人的陪同下，从安全的高处或站在坚固的木板路上观察。

常见的湿地有三种：草本沼泽、森林沼泽和泥炭藓沼泽。

草本沼泽里长满了高高的野草、香蒲和芦苇等植物，散布着很多积水坑。

森林沼泽里有许多树木，水几乎覆盖了所有的土地。

泥炭藓沼泽实际上就是一块块漂浮在水面上的陆地。

湿地的浅水区是一个由植物、岩石、沙子和沉木组成的世界。

那里是水下野生动物的理想栖息地。

在林地里，树干和树枝纵横交错。即使是最吵闹的生物，比如喜欢咚咚咚啄树干的啄木鸟或吱吱吱叫的红松鼠，也需要用敏锐的眼光才能发现。林地是许多种野生动物的栖息地。你所听到或看到的，只是其中的一小部分哟。

白胸䴓（shī）

北美红松鼠
美洲
雕鸮（xiāo）

在森林里，野生动物可能生活在树梢、枝杈间、树干上，或是地表。

两只飞蛾、北美红松鼠、鹿、尺蠖（huò）、箱龟、蜘蛛、五只蜜蜂、两只山雀、小鹿、花栗鼠、画眉鸟、啄木鸟、甲虫、臭鼬、毛虫、褐旋木雀、两只蝙蝠

看看你能不能找到生活在这小片森林里的野生动物。（我给你一个提示：一共有 24 个野生动物。如果你算上手杖、小蛇萨萨和我，一共是 27 个目标。答案在左侧哟！）

坐上我的老爷车吧！我带你去一些有趣的地方看看，它们远在几千米之外。这一路上，我们一定能在路边发现另外一些野生动物。

兔子、鹿、美洲旱獭和其他害羞的动物来到路边，是为了吃鲜嫩的青草。这里阳光更充沛，植物生长得更茂盛。

道路附近也是饥饿的乌鸦、鹰和红隼（sǔn）的猎场。

我们的第一站是一大片玉米地，这里的环境随季节变化而变化，非常适合野生动物栖息。

春天，海鸥、燕子和蓝知更鸟都喜欢吃农夫犁地时挖出的甲虫、蛴螬（qí cáo）和蚯蚓。

到了盛夏，当玉米秆长得足够高，可以提供遮护时，小动物就开始筑巢并在这里养育幼崽。

在成熟的季节，玉米地变成了贪吃浣熊的自选超市。

到了深秋，玉米刚收割完，散落在地上的玉米粒成了大雁在迁徙途中的美餐。

大多数生活在草原上的小动物是鸟或穴居动物，甚至有穴居鸟类。

从山坡上的小片草甸到广阔起伏的草原，草地是适合野生动物繁衍生息的广阔空间。

在草原上散步时，要注意检查衣服上有没有蜱虫。高的草丛中，蜱虫很多。

你会发现草原上的昆虫和蜘蛛的种类比其他栖息地都要多。

草原上的大型居民是牛、马和羊等食草动物。

乍一看，草原上除了在风中摇摆的青草，别的什么都没有。不过，花点儿时间仔细观察，你会发现一些奇妙的动物。

美洲獾是一种杂食动物，它的食谱丰富，但更喜欢吃肉。为了捕捉穴居的猎物，它能挖出将近四米深的洞。

郊狼和赤狐是荒野里的食肉动物，它们经常在同一片区域捕猎。

无论这条路通向哪里，你都会发现那里有野生动物。即使是最炎热、最干燥的地方也可能是动物的家园。在荒野或沙漠中，野生动物可以在灌木蒿丛和仙人掌下面，或者在岩壁下找到栖息地。对某些动物来说，只需挖沙子覆盖自己就行了。多汁的植物可以提供食物和水。对于捕食者来说，这里也有猎物可吃。

这些野生动物都栖息在干旱地带。我们来认识认识它们吧！

我愛大自然
鼠兔

学会识别不同的野生动物栖息地，从低地到山区，从湿地到沙漠，多么有趣！不要忽视狭小的地方。一些野生动物会在出人意料的小空间里生存，比如一小丛灌木、一个沼泽水坑、一堆岩石、一小片树林，或者一棵孤零零的仙人掌。

我告诉过你，我们会到很多地方探险，我们做到了！这一路上，我们认识了八十多种野生动物。你数出了多少？

我希望你能像我和小蛇萨萨一样喜欢这段探险的旅程，它最喜欢搭老爷车兜风了。我们在下一本书中再会喽！记住，无论你走到哪里，你都应该与野生动物共享世界。

图书在版编目（CIP）数据

森林爷爷自然课．动物栖息地指南 /（美）吉姆·阿诺斯基著绘；洪宇译
．一北京： 东方出版社，2021.11
ISBN 978-7-5207-2093-9

Ⅰ．①森… Ⅱ．①吉… ②洪… Ⅲ．自然科学－儿童读物②动物－栖息地－儿童读物 Ⅳ．① N49 ② Q95-49

中国版本图书馆 CIP 数据核字（2021）第 043066 号

森林爷爷自然课（全 12 册）
（SENLIN YEYE ZIRAN KE）

著　　绘：[美] 吉姆·阿诺斯基
译　　者：洪　宇
策 划 人：张　旭
责任编辑：丁胜杰
产品经理：丁胜杰
出　　版：东方出版社
发　　行：人民东方出版传媒有限公司
地　　址：北京市西城区北三环中路 6 号
邮　　编：100120
印　　刷：鸿博昊天科技有限公司
版　　次：2021 年 11 月第 1 版
印　　次：2021 年 11 月第 1 次印刷
印　　数：1—10000 册
开　　本：650 毫米 ×1000 毫米　1/12
印　　张：44
字　　数：420 千字
书　　号：ISBN 978-7-5207-2093-9
定　　价：238.00 元
发行电话：（010）85924663　85924644　85924641